BEI GRIN MACHT SICH IHR WISSEN BEZAHLT

- Wir veröffentlichen Ihre Hausarbeit, Bachelor- und Masterarbeit

- Ihr eigenes eBook und Buch - weltweit in allen wichtigen Shops

- Verdienen Sie an jedem Verkauf

Jetzt bei www.GRIN.com hochladen und kostenlos publizieren

Tim Oneschkow

Stadtmarketing als integrierter Ansatz der Stadtentwicklungspolitik

GRIN Verlag

Bibliografische Information der Deutschen Nationalbibliothek:

Die Deutsche Bibliothek verzeichnet diese Publikation in der Deutschen National-
bibliografie; detaillierte bibliografische Daten sind im Internet über http://dnb.d-
nb.de/ abrufbar.

Impressum:

Copyright © 2006 GRIN Verlag GmbH
Druck und Bindung: Books on Demand GmbH, Norderstedt Germany
ISBN: 978-3-640-13472-4

Dieses Buch bei GRIN:

http://www.grin.com/de/e-book/113037/stadtmarketing-als-integrierter-ansatz-der-
stadtentwicklungspolitik

Universität Trier
Fachbereich VI – Geographie/Geowissenschaften
Oberseminar: Stadt als Freizeitraum und Tourismusdestination (WS 2005/2006)

Stadtmarketing als integrierter Ansatz der Stadtentwicklungspolitik

Tim Oneschkow
7. Fachsemester

Inhaltsverzeichnis

1. **Einleitung**

Die Hausarbeit befasst sich mit dem Thema Stadtmarketing, das in den letzten Jahren enorm an Bedeutung in deutschen Städten gewonnen hat. Die Kommunen sehen sich im Wettbewerb um die Ansiedlung von Unternehmen, der Anziehung qualifizierter Arbeitskräfte, Touristen sowie Fördermittel für Wissenschaft und Technik zunehmend nationaler und internationaler Konkurrenz ausgesetzt. Um in diesem Wettbewerb bestehen zu können haben die Städte das privatwirtschaftliche Instrument Marketing für sich entdeckt.

In Kapitel 2 dieser Hausarbeit geht es zunächst um die begriffliche Abgrenzung und die Entwicklung des Stadtmarketings in den letzten Jahren. Hierbei soll der rasante Anstieg vor allem in den 90er Jahren deutlich werden. Das Kapitel 2.3 befasst sich dann mit dem Stadtmarketingprozess. Dabei werden dem Leser unabdingbare Grundsätze für ein erfolgreiches Stadtmarketing präsentiert und der Prozess in den verschiedenen Phasen erläutert. Die letzten beiden Unterpunkte gehen auf neue Kooperationsformen im Stadtmarketing ein. Zunächst geht es um Public Private Partnership, wo die kooperative Zusammenarbeit von Hoheitsträgern und der privaten Wirtschaft beschrieben wird und im letzten Punkt dann um Business Improvement Districts, eine neue Kooperationsform zwischen der Stadt und Anwohnern.

Nachdem es in Kapitel 2 mehr um theoretische Grundlagen ging, befasst sich Kapitel 3 mit konkreten Beispielen aus der Stadtentwicklung. Hierbei geht es um Beispiele aus den Städten Köln und Trier. Der Leitbildprozess, der bereits in Kapitel 2 angedeutet wurde, soll anhand des Beispiels Köln 2020 dem Leser näher gebracht werden. Die Ausarbeitung von Leitbildern stellt einen wichtigen Faktor im Verlauf des gesamten Stadtmarketingprozesses dar. Die folgenden Unterpunkte stellen zunächst das Konzept der Stadt Trier vor und befassen sich später mit der City-Initiative Trier und ihrer Maßnahmen, den Standort Trier vor allem in touristischer Hinsicht zu stärken.

Im abschließenden Fazit sind die wichtigsten Punkte noch einmal zusammengefasst und es wird auf die immer noch aktuelle Funktion und Unverzichtbarkeit des Stadtmarketings hingewiesen.

2. Begriff Stadtmarketing

Im folgenden Kapitel geht es um die begriffliche Abgrenzung von Stadtmarketing. Zunächst werden einige Definitionen des Begriffs näher gebracht. Dann wird die historische Entwicklung von Stadtmarketing unter die Lupe genommen und anschließend werden die Bereiche und das Konzept des Stadtmarketings vorgestellt. Die letzten beiden Unterpunkte befassen sich mit neuen Kooperationsformen im Stadtmarketing.

2.1 Definition und begriffliche Abgrenzung von Stadtmarketing

In den letzten Jahren ist der Begriff Stadtmarketing zu einem regelrechten Modewort in den Städten geworden. Nach Schätzungen gibt es mittlerweile rund 400 institutionalisierte City-, Stadt- und Regionalmarketing-Projekte bundesweit. Eine eindeutige Definition findet man in der Literatur meist nicht. Der Deutsche Städtetag legte bereits 1990 eine Definition vor, darin heißt es: „Stadtmarketing ist mehr als Kommunikation, mehr als Werbung. Städtemarketing ist ein mittel- und langfristiges Führungs- und Handlungskonzept, das auf einer Leitidee basiert. Dieses Konzept erfordert Arbeit am „Produkt Stadt" und einen auch für die Bürger offenen Prozess der gemeinsamen Realisierung" (Presseausschuss des Deutschen Städtetages 1990). Konken definiert Stadtmarketing als „die Bündelung aller Kräfte einer Stadt, die gemeinsam und Partei übergreifend an einem Ziel arbeiten, nämlich der positiven Entwicklung des Gesamtbildes Stadt mit all seinen unterschiedlichen Facetten. Stadtmarketing stellt sich die Aufgabe, Zukunftsperspektiven in konkretes Handeln umzusetzen". (KONKEN, M. 1996, Stadtmarketing, S.9) Durch Stadtmarketing soll also eine ganzheitliche Stadtentwicklung vorangetrieben werden.

Das Image und Erscheinungsbild von Städten sowie dessen Vermarktung werden immer bedeutender, um die Attraktivität einer Stadt zu gewährleisten und zu bewahren. Die Stadt muss gegenüber anderen Städten konkurrenzfähig sein und muss ein attraktives und vielfältiges Angebot schaffen. Diese Aufgabe liegt nicht nur bei den Regierungsverantwortlichen, sondern genauso bei der Gastronomie, der Hotellerie und anderen Wirtschaftszweigen, die zusammen für das Image der Stadt sorgen und damit das so genannte Outlook der Stadt bilden. (vgl.www.wikipedia.org/wiki/stadtmarketing.de)

Zusammenfassend kann man Stadtmarketing also als einen langfristigen Prozess ansehen, bei dem durch eine kontinuierliche Zusammenarbeit aller Akteure einer Stadt ein ganzheitliches

Konzept erarbeitet werden muss, um die Stadt bestmöglich zu vermarkten und den Entwicklungsprozess voranzutreiben.

2.2 Entwicklung des Stadtmarketing

Der Begriff Stadtmarketing findet seit etwa Mitte der 80er Jahre Eingang in die deutsche Fachliteratur und die kommunale Verwaltungspraxis. In dieser Zeit befanden sich die Städte in einer Umbruchphase. Gründe hierfür waren der EU-Binnenmarkt, die Öffnung Osteuropas, der Zusammenbruch der Sowjetunion sowie der Einstellungs- und Wertewandel. Eine weitere Ursache war die fortschreitende Globalisierung und Internationalisierung. Daneben wurden für die Städte weiche Standortfaktoren immer wichtiger. „Es ging also darum, neben der Wirtschaftskraft auch die Lebensqualität einer Kommune zu verbessern, um sie zugleich als Industrieraum und als Erholungsraum zu positionieren". (TÖPFER, A. 1993: Erfolgsfaktoren des Stadtmarketing. – In: Stadtmarketing, S.45) Diese Tatsachen stellten für die Städte neue Rahmenbedingungen dar und machten eine Neuorientierung des Handels nötig. Der nationale und internationale Konkurrenzkampf wurde größer, die Städte mussten sich behaupten. Bei der Ansiedlung von Unternehmen, wissenschaftlichen Einrichtungen und qualifizierten Arbeitskräften spielte das Image einer Stadt eine immer größere Rolle. Die Städte benötigten jetzt einfach ein positives Erscheinungsbild um Industrie anzusiedeln und die Bevölkerung zu binden.

Die ersten Stadtmarketing-Initiativen in Deutschland wurden 1987 in Frankenthal und Schweinfurt ins Leben gerufen. In Schweinfurt wurde außerdem die erste Planstelle für Stadtmarketing in einer Kommunalverwaltung eingerichtet. Nur zwei Jahre später förderte das Bayrische Staatsministerium für Wirtschaft und Verkehr Modellprojekte zum City-Management in den Städten Kronach, Mindelheim und Schwandorf. Das Bundesministerium für Raumordnung, Bauwesen und Städtebau begann nur wenig später mit der Förderung zweier Modellprojekte in den nordrheinwestfälischen Städten Solingen und Velbert im Rahmen des Experimentellen Wohnungs- und Städtebaus. Danach nahm das Land Nordrhein-Westfalen als erstes Bundesland Stadtmarketing in die Regelförderung der Stadterneuerung auf.

In den 90er Jahren nahm die Zahl der bundesdeutschen Städte, die sich vom kommunal politischen Instrument Stadtmarketing neue Impulse in den verschiedenen Bereichen der Stadtentwicklung, der Wirtschaftsförderung, der Standortwerbung und der Öffentlichkeitsarbeit erwarten, kontinuierlich zu. Eine Umfrage des Deutschen Instituts für

Urbanistik (difu) von 1995 unterstreicht diese These: 83% der bundesweit 323 befragten Städte setzten zu diesem Zeitpunkt die Gedanken des Stadtmarketings um oder planten dies für die nahe Zukunft. Über die Hälfte der befragten Städte befanden sich bereits in der Umsetzung, 20% in der Konzeptions- und weitere 25% in der Planungsphase. Nur 42 Städte waren zu dieser Zeit nicht im Bereich Stadtmarketing aktiv. Diese Zahlen unterstreichen nochmals den rasanten Anstieg des Stadtmarketing in den 90er Jahren das in diesen Jahren zu einer Art „Modeerscheinung" in den deutschen Städten wurde.

Die begriffliche Unschärfe des Stadtmarketings ist in den letzten Jahren aber geblieben. In den einzelnen Städten sind die Varianten sehr zahlreich, was unter dem Begriff Stadtmarketing verstanden und umgesetzt wird. Das wird schon durch die in diesem Zusammenhang auftretenden unterschiedlichen Begriffe deutlich. Häufig finden sich hier die Begriffe „Stadtmarketing", „City-Marketing" oder „City-Management".

Die verschiedenen Formen des Stadtmarketings (siehe Abbildung 1), die sich seit seinen Anfängen in den Städten und Gemeinden entwickelt haben, lassen sich typisieren. Die Typen lassen ein jeweils eigenes Grundverständnis von Stadtmarketing und entsprechender Herangehensweise erkennen. In der Praxis findet man neben dem umfassenden Stadtmarketing unter anderem Citymarketing, Einzelhandelsmarketing, Stadtwerbung, Standortmarketing, Stadtentwicklungsmarketing, Stadtmarketing ohne eindeutige Schwerpunkte und rudimentäres Stadtmarketing. Gerade die letzten beiden Typen sind in sehr vielen Städten zu finden.

<u>Abbildung 1: Stadtmarketingtypen</u>

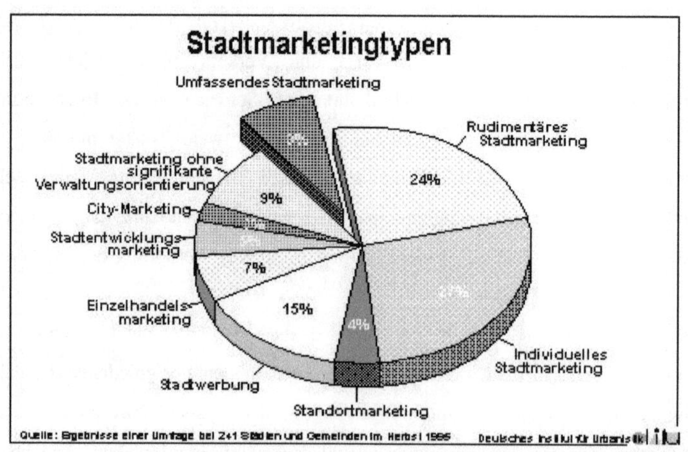

Das Deutsche Institut für Urbanistik (difu) führte im Frühsommer 2004 eine zweite repräsentative Umfrage nach der von 1995 zum Thema Stadtmarketing in deutschen Städten und Gemeinden durch. Dabei kam heraus, dass das Stadtmarketing weiter fortgeschritten ist als vor neun Jahren. Was damals noch geplant war, ist in den meisten Städten bereits umgesetzt worden. Des Weiteren ist zu erkennen, dass sich Stadtmarketingaktivitäten heute vermehrt auf den Einzelhandel und auf Aktivitäten in der Innenstadt konzentrieren. (vgl.: www.difu.de/extranet/publikationen/ai/816.pdf)

2.3 Prozess Stadtmarketing

Nachdem in den ersten beiden Kapiteln 2.1 und 2.2 der Begriff und die historische Entwicklung von Stadtmarketing erläutert wurden, befasst sich dieser Unterpunkt mit den Bestandteilen und dem Prozess des Stadtmarketings.

Warum die Städte seit den 80er Jahren immer mehr auf Stadtmarketing setzen wurde teilweise schon beschrieben. Die Kommunen sahen sich im Wettbewerb um die Ansiedlung von Unternehmen, der Anziehung qualifizierter Arbeitskräfte, Touristen sowie Fördermittel für Wissenschaft und Technik zunehmender nationaler und internationaler Konkurrenz ausgesetzt. Um sich in diesem Wettbewerb profilieren zu können gewann das Marketing mehr und mehr an Bedeutung. Darin liegen die Hauptziele des Stadtmarketings; einerseits die Stadt im Wettbewerb konkurrenzfähig zu machen und andererseits die Leistungen der Stadt mit dem Ziel der Kostendeckung zu vermarkten.

Doch was sind jetzt die Bestandteile und Elemente eines erfolgreichen Stadtmarketingprozesses. Zunächst wird die Stadt als Ganzes betrachtet; die Schwerpunkte der Aktivitäten sind nicht nur auf die Innenstadt beschränkt, sondern auch Stadtteile müssen in das Konzept mit einbezogen werden. Die Einbeziehung der Bürger in bestimmte Projekte muss gewährleistet sein, um das Wir-Gefühl der Stadt zu stärken. Die Stadt als Lebensraum soll nicht nur durch Akteure aus der örtlichen Verwaltung und Politik gestaltet werden, sondern auch in Kooperation mit Bürgern und Besuchern der Stadt. Grundlegend für Stadtmarketing ist eine ausgeprägte Dienstleistungsorientierung, die sich in der Ausrichtung der Aktivitäten an den Bedürfnissen von Bürgern, der Wirtschaft aber auch Besuchern orientiert. Des Weiteren sollte Stadtmarketing verschiedene Zielgruppen ansprechen. Die Stadt muss sich an den Bedürfnissen derer orientieren, die in ihr wohnen, arbeiten oder ihre

Freizeit verbringen. Deshalb sind die Themen, die im Stadtmarketing aufgegriffen werden breit gefächert. Dazu gehören die Wirtschaft und der Einzelhandel, Stadtimage und Attraktivität der Stadt, Öffentlichkeitsarbeit und Werbung, Wohnen und Wohnumfeld, Verkehr, Kultur und Bildung, Soziales, Gesundheit und Sport bis hin zu Natur und Umwelt oder Tourismus.

Nach der Planungsphase, wo Mitstreiter für den Prozess gefunden werden müssen sollte jede Stadt eine Stärken-Schwächen-Analyse (Imageanalyse) in Form einer Umfrage durchführen, um die Stärken weiter auszubauen und an den Defiziten zu arbeiten. „Dabei ist darauf zu achten, dass sämtliche Interessensgruppen der Stadt vertreten sind. So kann sichergestellt werden, dass in der anschließenden Befragung alle relevanten Handlungsfelder erfasst werden. Die Imageanalyse ist sinnvoll, einerseits die Innenansicht (durch Bürger der Stadt) und andererseits die Außenansicht (durch Bürger aus den umliegenden Gemeinden) zu ermitteln. Nur so können die Chancen und Risiken unter Berücksichtigung der unterschiedlichen Zielgruppen des Stadtmarketings richtig bewertet werden". (vgl. www.imk-anton.de/beratung/stadtmarketing)

Weiterhin sollte ein Leitbild erarbeitet werden, das den Weg dokumentiert, den die Stadt in den kommenden Jahren für ihre Entwicklung wählen möchte. „Das Stadtleitbild fungiert im Sinne einer Corporate Identity (d.h. einheitliches visuelles Erscheinungsbild eines Unternehmens) als gemeinsames, von allen kommunalen Akteuren getragenes Zielsystem und umfasst alle relevanten Handlungsfelder. Ein Leitbild beschreibt in einer alle Themenbereiche umfassenden Sicht einen zukünftigen städtischen Sollzustand, der noch nicht oder nicht in allen Belangen erreicht ist. Das Leitbild hat visionären Charakter, das Zielsystem muss realisierbar und handhabbar sein. Einzelne Ziele müssen aufeinander abgestimmt sein. Im Mittelpunkt muss die Handlungsorientierung stehen". (vgl. www.imk-anton.de/beratung/stadtmarketing)

Das Städteleitbild wird dann der Öffentlichkeit präsentiert und anschließend entsteht ein Maßnahmenkatalog, der die Aufgaben und die zuständigen Akteure festlegt. Aus dem Leitbild heraus sollen dann konkrete Projekte herausgearbeitet werden, Prioritäten gesetzt werden, um den Prozess anzukurbeln. In dieser Phase ist Projektmanagement und Projektcontrolling ein wichtiges Element in der Umsetzung geplanter Maßnahmen. Die Projekte müssen regelmäßig kontrolliert werden, um bei auftretenden Problemen frühzeitig korrigiert werden zu können.

Im weiteren Verlauf des Prozesses ist eine permanente Anpassung an veränderte Umweltbedingungen notwendig. Es entstehen neue, nicht einkalkulierbare Problemfelder, die Anforderungen und Erwartungen der Betroffenen ändern sich. Die so genannte

Fortschreibung gleicht dann der ersten Phase im Prozess, der Prozess muss also immer wieder neu initiiert werden.

Der wichtigste Erfolgsfaktor des Stadtmarketings ist jedoch eine funktionierende Kommunikation. Die „kommunikative Kompetenz" einer Stadt ist ein Schlüsselfaktor der gesellschaftlichen und wirtschaftlichen Entwicklung und trägt zu einem positiven sozialen und wirtschaftlichen Klima entscheidend bei. Die funktionierende Kommunikation ist somit Grundvoraussetzung nahezu aller Phasen des Stadtmarketingprozesses. (vgl. www.difu.de/index/publikationen/difu-berichte/1_98/artikel , Stadtmarketing - eine kritische Zwischenbilanz) Dennoch muss jede Stadt ihr individuelles Organisationsmodell finden und ihr eigenes Stadtmarketingkonzept entwickeln. „Erforderlich sind eine Vision als ideenreiches Konzept sowie Durchsetzungsfähigkeit als Wille zur Veränderung". (TÖPFER, A. 1993, Erfolgsfaktoren des Stadtmarketing – In: Stadtmarketing, S.79)

Die Organisationsformen des Stadtmarketing sind von verschiedenen Einflussfaktoren wie Zielsetzung, Mittel- und Personalausstattung und Kooperationsorientierung abhängig. Grundsätzlich lassen sich folgende Organisationsformen unterscheiden:

- *Ressort der Stadtverwaltung (Amt)*
- *Organisation durch einen Verein (eingetragener Verein)*
- *Private Gesellschaftsform (GmbH)*
- *Arbeitskreis oder zeitlich befristete Arbeitsgemeinschaft*

In Klein- und Mittelstädten ist Stadtmarketing meist Sache der örtlichen Verwaltung, in Großstädten dagegen kommt es zu einer Bündelung der Interessen in einer Kapitalgesellschaft. Die Rolle externer Beratungsdienstleistungen für das Stadtmarketing hat in den letzten Jahren deutlich an Bedeutung zugenommen. Das Aufgabenspektrum reicht von der Analyse der Ausgangssituation, der Moderation unterschiedlicher Interessen bis hin zur Entwicklung von Strategien und Konzepten. (vgl.: www.wupperinst.org/publikationen/WP/WP154.pdf)

In Abbildung 2 ist der gesamte Stadtmarketingprozess noch einmal graphisch dargestellt.

<u>Abbildung 2: Phasen des Stadtmarketing-Prozesses</u>

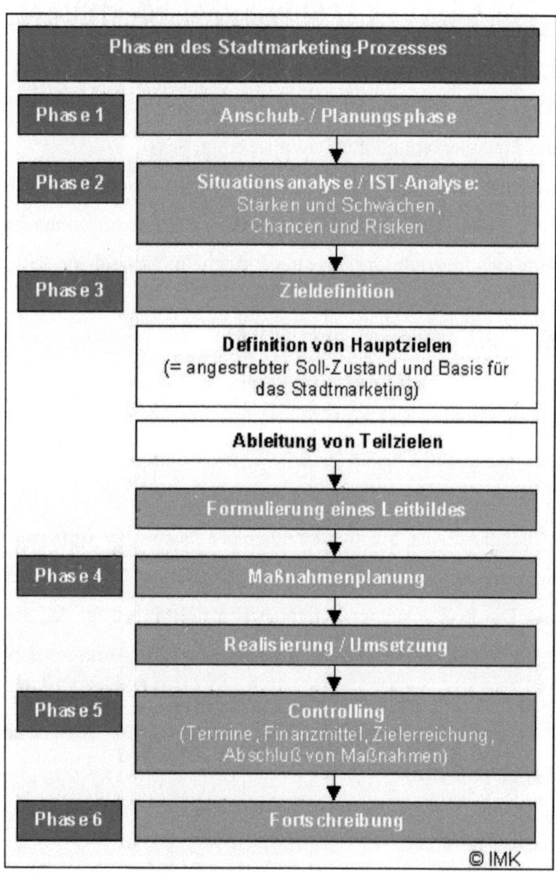

Quelle: www.imk-anton.de/beratung/stadtmarketing

2.4 Public Private Partnership (PPP)

Um in Zeiten leerer öffentlicher Kassen dem Bürger dennoch ein ausgewogenes und umfassendes städtisches Angebot zu bieten, bedienen sich die Städte und Kommunen dem so genannten Public Private Partnership. Der Begriff beschreibt eine kooperative Zusammenarbeit zwischen den öffentlichen Hoheitsträgern und der privaten Wirtschaft (vgl.www.wikipedia.org/wiki/ppp.de) und geht in vielen Fällen mit einer Teil-Privatisierung öffentlicher Aufgaben einher. Konkret definiert sich Public Private Partnership „als "langfristig vertraglich geregelte Zusammenarbeit zwischen öffentlicher Hand und Privatwirtschaft, bei der die erforderlichen Ressourcen (z.B. Know-how, Betriebsmittel, Kapital, Personal etc.) von den Partnern zum gegenseitigen Nutzen in einem gemeinsamen Organisationszusammenhang eingestellt und vorhandene Projektrisiken entsprechend der Risikomanagementkompetenz der Projektpartner optimal verteilt werden" (vgl.BMVBW Gutachten "PPP im öffentlichen Hochbau", 2003 II, S. 1). Durch finanzielle Knappheit der Kommunen hervorgerufen, ist PPP heute aus Stadtplanung und Stadtmarketing nicht mehr wegzudenken. Der Betrieb und die Instandsetzung von vielen öffentlichen Einrichtungen wie Schwimmbädern, Eissporthallen sowie kulturellen Einrichtungen ist ohne die Partnerschaft von privaten Investoren nicht möglich. Oft ist die einzige Alternative zu einem PPP die Schließung des jeweiligen Objektes. Es ist ein Ziel des Public Private Partnership, die öffentlichen Haushalte zu entlasten und somit neue finanzielle Ressourcen zum Wohle des Bürgers zu bilden. Eingesparte Mittel können so nun für andere wichtige Projekte verwendet werden. Je komplexer und arbeitsintensiver ein Projekt ist, umso mehr gewinnen auch Zeit- und Effizienzgewinne an Bedeutung, da private Betreiber hier durch ihren jahrelangen Umgang mit der jeweiligen Materie im Vorteil sind. Im Bereich der Stadtplanung und Stadtentwicklung kommen PPP Projekte vor allem bei Infrastrukturprojekten, bei der Ver- und Entsorgung sowie bei den oben angesprochen „Serviceeinrichtungen" zum Einsatz.

2.5 Business Improvement Districts (BID`s)

Eine spezielle Form des Public Private Partnership und ein neues städtebauliches Instrument zur Attraktivitätssteigerung sind die so genannten Business Improvement Districts (BID`s).

Hinter dem Begriff versteckt sich eine Planungskooperation der Stadt und den Bürgern eines bestimmten Stadtviertels. „Im Kern handelt es sich um eine Selbstverpflichtungsinitiative von Immobilienwirtschaft sowie Grundeigentümern, Einzelhandel und Gaststättengewerbe in Form von Public Private Partnerships (PPP)."

(vgl. http://www.dihk.de/inhalt/download/bid_positionspapier.doc)

Die Idee des Konzeptes stammt aus den USA und Kanada und ist seit dem Jahr 2005 zum ersten mal in der Bundesrepublik Deutschland in Hamburg Bergedorf umgesetzt. Das Konzept sieht eine eigenverantwortliche Übernahme bestimmter planerischer Aufgaben durch Bürger und Anwohner in einen abgegrenzten Areal über einen festgelegten Zeitraum vor. Es wird an die Eigeninitiative der Bürger und Inhaber appelliert, sich für Ihren Stadtteil zu engagieren, mit dem „Ziel die Schaffung eines sicheren, einladenden und prosperierenden Zentrums für Gewerbetreibende, Bewohner und Kunden" zu verwirklichen (vgl. http://www.dihk.de/inhalt/download/bid_positionspapier.doc). Die Finanzierung erfolgt entweder in Eigenregie oder mit Hilfe der Stadt.

Bild: Werbebanner für den bundesweit ersten BID in Hamburg Bergedorf am 17.08.05
Quelle: http://www.bid-1.de/

Der für einen Business Improvement District festgelegte Businessplan sieht einen Gebiets-, Maßnahmen-, Finanzplan und Finanzierungsschlüssel vor, der festgelegt wie hoch die Abgaben für jeden einzelnen sind. Der so abgegrenzte finanzielle Handlungsrahmen kann durch die Verantwortlichen nun gezielt für ortsspezifische und städtebaulich notwendige Projekte verwendet werden. Mit dem Ziel das betreffende Gebiet attraktiver und wettbewerbsfähiger zu machen und dabei die lokalen Kräfte zu nutzen, sind Business Improvement Districts ein neuer, viel versprechender Ansatz im deutschen Stadtmarketing, es bleibt jedoch abzuwarten wie die konkreten Ergebnisse und Lösungen der Initiatoren aussehen werden.

3. Beispiele Stadtmarketing

Dieses Kapitel befasst sich jetzt mit konkreten Beispielen zum Thema Stadtmarketing. Zunächst wird das Leitbild Köln 2020 vorgestellt, im weiteren Verlauf geht es dann um das Konzept der Stadt Trier.

3.1 Leitbild Köln 2020

Nachdem in Kapitel 2.3 das Thema Stadtleitbild angesprochen wurde soll das jetzige Beispiel der Stadt Köln den Leitbildgedanken etwas genauer unter die Lupe nehmen.

Um sich im Wettbewerb mit Städten und Stadtregionen in Deutschland bestmöglich zu positionieren wurde das Leitbild 2020 ins Leben gerufen. Eine Gruppe von 350 Kölnerinnen und Kölnern – Bürgerinnen und Bürger gemeinsam mit Vertreterinnen bzw. Vertretern aus Politik und Verwaltung, Wirtschaft, Wissenschaft, Kultur, Verbänden, Gewerkschaften, Kirchen und gesellschaftliche Gruppen – haben ihre Vorstellungen von der künftigen Stadtentwicklung Kölns intensiv diskutiert und so über einen Zeitraum von 18 Monaten das Kölner Städteleitbild 2020 formuliert. Laut OB Fritz Schramma richtet sich das Leitbild „an alle, die in Köln etwas unternehmen und sich engagieren wollen und zwar nicht ausschließlich an Rat und Verwaltung, sondern an alle Bürger der Stadt".

Städte und Regionen konkurrieren heute und auch in Zukunft um Menschen, Unternehmen sowie Wissens- und Kultureinrichtungen. Nur wer in diesem Wettbewerb überzeugende Argumente liefert, wird als Standort zukunftsfähig sein. Zunächst gilt es hierbei die bereits vorhandenen Potentiale zu aktivieren oder auszubauen. Dazu gehören in Köln sicherlich die guten städtebaulichen Voraussetzungen mit dem Dom und der Lage am Rhein. Zudem bieten die großen stadtnahen Industriebrachen beste Chancen für die zukünftige Stadtentwicklung. Hierbei bewies die Stadt bereits 1986 ein gutes Näschen mit dem Bau des MediaParks. Auf dem Gelände des ehemaligen Betriebsbahnhofes Gereon entstanden auf dessen 20ha großen Gelände Medien- und Musikproduktionen, Kultur- und Kunstbetriebe sowie Bildungs- und Forschungseinrichtungen, um den Medienstandort zu stärken und auszubauen. Weiterhin besitzt Köln ein großes kulturelles Angebot und gehört zu den führenden Einkaufsstädten in Deutschland, was die Stadt zu einem interessanten Ziel im Städtetourismus macht. Die wirtschaftsgeographische Lage ist ein weiterer Gunstfaktor der Stadt. Sie liegt an Europas wichtigster Wasserstraße, verfügt über einen attraktiven Flughafen und gilt auch im Straßenverkehr als wichtiger Knotenpunkt in Europa.

In der Leitbilddebatte wurden fünf Handlungsfelder als inhaltliche Schwerpunkte für die zukünftige Entwicklung Kölns gesetzt. Sie lauten: die aufgeschlossene Wissensgesellschaft, die dynamische Wirtschaftsmetropole, die moderne Stadtgesellschaft, der lebendige Kulturstandort und die attraktive Stadtgestaltung. Die den verschiedenen Handlungsfeldern zugeordneten Ziele sind die Wegweiser für die künftige Stadtentwicklung. Im Folgenden werden die Handlungsfelder kurz beschrieben:

1) die aufgeschlossene Wissensgesellschaft

In diesem Handlungsfeld geht es um den Ausbau der Position Kölns als international bedeutsamer Wissenschaftsstandort mit breit gefächerten und exzellenten Leistungsangebot in Forschung und Lehre. Die vielfältigen Wissenschaftseinrichtungen arbeiten zusammen, um gemeinsam die Kommunikation nach innen und außen zu verbessern und schärfen die mediale Präsenz auf nationaler und internationaler Ebene. Zudem geht es um den Ausbau und Fortschritt der bereits bestehenden Einrichtungen.

2) die dynamische Wirtschaftsmetropole

Die Stadt stärkt in diesem Handlungsfeld seine Attraktivität als Investitionsstandort, Reiseziel und Einkaufsstadt. Ein positives Image der Stadt ist Voraussetzung, um neue Unternehmen anzusiedeln und Arbeitsplätze zu sichern. Durch Abstimmung mit Messen und diversen Veranstaltungen in der Stadt wird die Position in Handel und Tourismus gestärkt.

3) die moderne Stadtgesellschaft

Die Stadt Köln bemüht sich um den Ausbau als familienfreundliche und soziale Stadt. Hierbei geht's vor allem um die Gleichberechtigung aller innerhalb der Stadt sowie Beteiligungsmöglichkeiten von Kindern und Jugendlichen an Planungsprozessen. Jeder soll gleich behandelt werden, der soziale Zusammenhang wird gestärkt.

4) der lebendige Kulturstandort

Hierbei soll ein gut funktionierendes Netzwerk von Personen und Institutionen den Erfolg kultureller Veranstaltungen und Einrichtungen garantieren. Durch Kunst und Kultur soll die Lebensqualität gesteigert werden. Außerdem geht es in diesem Handlungsfeld um die Sportstadt Köln. Das Sportangebot, die Sportstätten und die damit verbundene Infrastruktur bilden ein bedeutendes Element der städtischen Lebensqualität.

5) Die attraktive Stadtgestaltung

Das letzte Handlungsfeld beschäftigt sich mit der nachhaltigen Stadtentwicklung sowie mit dem gesamten Erscheinungsbild der Stadt und der Stadtteile. Daneben geht es um die Mobilität in der Stadt sowie um das Verkehrssystem und die Sicherheit in der gesamten Region.

Die fünf Handlungsfelder, die durch die Ziele konkretisiert werden, bilden den Korridor hin zu einem zukunftsfähigen Köln.
In diesem Leitbild haben Bürger und alle beteiligten Institutionen Ziele für die Stadtentwicklung formuliert. Die Umsetzung dieses Leitbildes erfordert vor allem gemeinsames Handeln aller Akteure. Im Prozess wurden unterschiedliche Interessen und Meinungen der Stadtgesellschaft zusammengeführt und ein Grundkonsens für die Entwicklung der Stadt erreicht. Jetzt sind Maßnahmen und Strategien zur Umsetzung zu entwickeln. Die verschiedenen Arbeitsgruppen treffen sich einmal jährlich um die Vorhaben abzustimmen und die Öffentlichkeit zu informieren. Die Weiterführung des Leitbildprozesses wird von der Stadtverwaltung koordiniert. (vgl. Leitbild 2020 der Stadt Köln, S. 6-43)

<u>**3.2 Stadtmarketingkonzept Trier 2020**</u>

„Wenn Du als Verantwortlicher für die Zukunft Deiner Stadt etwas beitragen willst, dann erschöpfe Dich nicht in einer Ansammlung detaillierter Anweisungen, sondern vermittle auch eine Vision von den Zielen und Möglichkeiten des Unterfangens. " Prof. Dr. Meffert

Dieses Zitat findet man auf Seite 6 des Trierer Stadtmarketingkonzepts „Zukunft Trier 2020" und fasst die beiden wichtigen Aspekte eines jeden Stadtmarketingkonzeptes zusammen: Die Notwendigkeit konkreter Planungen vor der Hintergrund einer ganzheitlichen und nachhaltigen Vision, eines Leitbildes. Mit ca. 100.000 Einwohnern ist Trier das Oberzentrum der gleichnamigen Region und versorgt im Einzugsbereich ca. 500.000 Menschen (vgl. http://www.demographiekonkret.aktion2050.de/Trier.60.0.html). Durch den politischen Umbruch Anfang der neunziger Jahre, sowie mit der fortschreitenden Globalisierung, wurde 1992 damit begonnen ein Handlungskonzept für die positive zukünftige Entwicklung der Stadt zu erarbeiten. Besonders vor dem Hintergrund zunehmender Mobilität und einer wachsenden Gefahr der Abwanderung, sowie durch die negativen Hinterlassenschaften der zahlreichen militärischen Konversionsflächen, wurde ein Konzept erstellt, dass die Stadt Trier wettbewerbsfähig für die zukünftigen Anforderungen macht. Herausgekommen ist dabei im Jahre 1995 ein „gesamtstrategischer Ansatz, der die kurz- bis langfristige Entwicklung der Stadt mit Visionen, Leitbildern, konkretisierenden Zielen und konkreten Maßnahmen
Im Sinne von Leitbildern) formuliert."
(vgl. http://www.demographiekonkret.aktion2050.de/Trier.60.0.html)
Initiiert und maßgeblich gestaltet wird dieses Konzept durch das „Forum Trier 2020", unter Vorsitz des Oberbürgermeisters und unter Geschäftsführung des Amtes für Stadtentwicklung und Statistik, in dem die Vertreter, Vorsitzenden und Geschäftsführer der wichtigsten gesellschaftspolitischen Einrichtungen der Stadt vertreten sind. Um konkrete Leitbilder und Maßnahmen zu erstellen wurden unterhalb dieses Forums fünf Arbeitsgruppen gebildet, die sich in die Ressorts

> *Verwaltung,*

> *Kultur und Freizeit,*

> *Gesundheit, Soziales, Wohnen & Umwelt*

> *Wirtschaft und Arbeit*

> *Städtebau & Verkehr*

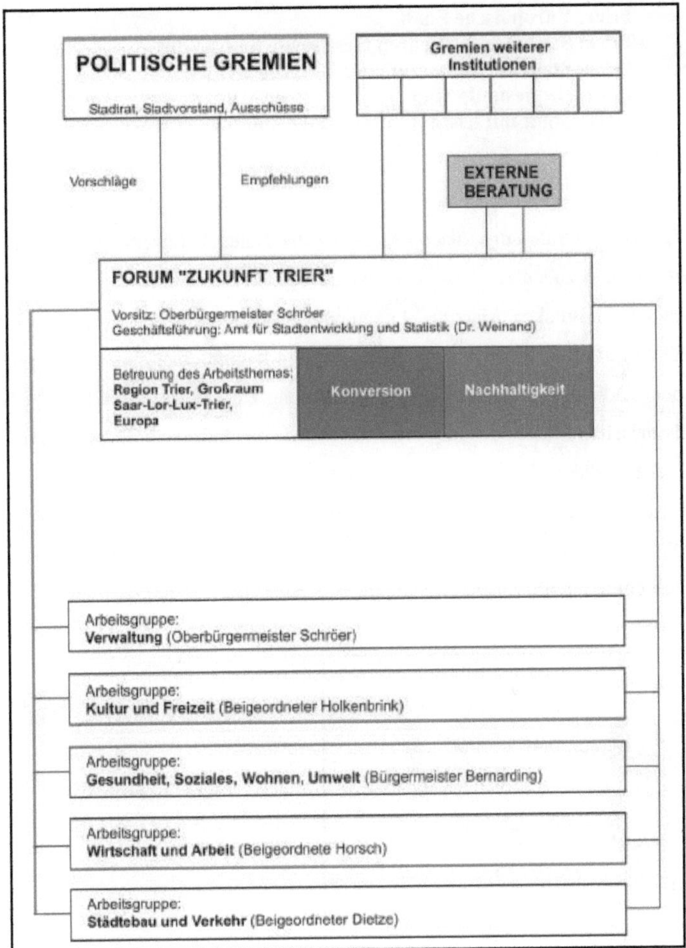

Quelle: http://www.trier.de/stadtentwicklung/stm2020/stm01.htm

Das von diesen Arbeitsgruppen erstellte Konzept „Zukunft Trier 2020" gliedert sich in sechs Leitbilder die aus einer Stärken-Schwächen Analyse entstanden sind und ziel-, umsetzungs- und zukunftsorientiert sind. (vgl. WEINAND, J. (1995): Stadtmarketingkonzept Trier 2020, Trier, S.8ff)

Die Leitbilder der Stadt Trier sind:

Trier: Europäische Stadt
Trier: Stadt der erlebbaren Geschichte und Kultur
Trier: Stadt der Kooperationen/des Engagements
Trier: Die gesunde Stadt
Trier: Stadt mit leistungsorientierter und bürgernaher Verwaltung

In diesen Entwicklungsschwerpunkten finden sich alle wichtigen Standortvorteile der Stadt Trier wieder. Die zentrale **europäische Lage** mit der Nähe zu Luxemburg, Frankreich und Belgien ist genauso zu nutzen bzw. auszubauen wie die **Kooperation** mit den wichtigen Nachbarstädten Saarbrücken, Metz und Luxemburg. Gerade durch den Konkurrenzdruck mit den Verdichtungsräumen Rhein-Ruhr und Rhein-Main kommt einer engen Partnerschaft mit regionsnahen Städten in Zukunft eine große Bedeutung zu. Ein weitere Ressource der Stadt sind die **historischen Stätten** aus der Römerzeit, sowie das **kulturelle Erbe** der vergangenen Jahrhunderte. Das diese Attraktionen jedes Jahr tausende Besucher aus dem In- und Ausland anziehen ist für die Stadt, besonders für touristisch orientierte Betriebe, ein außergewöhnlicher Glücksfall. Es ist von besonderer Bedeutung, diese Bauwerke zu schützen und sie durch ein Symbolbezogenes Stadtmarketing nach außen zu transportieren.

Abbildung 4: Logo der Stadt Trier

Quelle: www.trier.de

Das UNESCO Weltkulturerbe Porta Nigra mit seinen markanten Türmen eignet sich hervorragend um ein markantes Stadtlogo zu schaffen. Die Verwendung dieser Silhouette im Logo der Stadt bleibt im Gedächtnis von Bürgern und Besuchern hängen und kann somit als gelungene Marketing Maßnahme bezeichnet werden.

Durch die Funktion eines Oberzentrums kommt der Stadt eine besondere Verantwortung zu, was die **medizinische Versorgung** der Bevölkerung angeht. Die Dichte des Ärztenetzes sowie eine moderne Ausstattung der Krankenhäuser in der Region gehören deshalb zum Ressort Trier: Die gesunde Stadt.

Den **Bürger als Kunden** zu betrachten, damit beschäftigt sich das Leitbild der leistungsorientierten und bürgernahen Verwaltung. Es gilt den Service in Ämtern und Behörden kundenfreundlich zu gestalten und dem Bürger so das Gefühl zu geben, in einer Stadt zu leben die ihn in jeder Lebenslage unterstützt.

3.3 City Initiative Trier

Der Tourismus spielt für die Stadt Trier eine große Rolle und findet deshalb auch im Bereich des Stadtmarketing besondere Beachtung. Um die Trierer Innenstadt für Bürger und Touristen attraktiver und wettbewerbsfähiger zu gestalten, haben sich 1994 insgesamt 178 Mitglieder aus Einzelhandel und Gastronomie zusammengeschlossen. (vgl. FUSENIG 2006, S.8 in „Blickpunkt Wirtschaft – Nachrichten der IHK Trier). Als reine Werbegemeinschaft gegründet, verfolgt die City Initiative Trier das Ziel eines professionellen City Managements. Dazu gehören die Stärkung der Trierer Innenstadt als modernes Einzelhandels- und Dienstleistungszentrum sowie die Vereinbarkeit von Konsum und Kultur.

Abbildung 5: Logo der City Initiative Trier

Quelle: www.city-initiative-trier.de

Dahinter steht das Konzept, das sich Einkaufen mit dem Erleben von Geschichte und Kultur vereinbaren lässt, und der Besucher so in den zeitgleichen Genuss dieser Aktivitäten kommt.

Da der Shopping Tourismus für Trier aufgrund der vielen Tagestouristen eine wichtige Einnahmequelle ist, beschäftigt sich auch die City Initiative Trier intensiv mit den ausländischen Kunden. Neben den finanzkräftigen Kunden aus Luxemburg und zahlreichen Tagestouristen aus den Niederlanden finden gerade Touristen aus China immer öfter den Weg in die älteste Stadt Deutschlands. Die City Initiative hat sich für diese Touristen diverse Servicemaßnahmen einfallen lassen. Zu den Aktionen gehören ein Shoppingführer in chinesischer Sprache, Begrüßungsaufkleber in Geschäften, eine bessere Beschilderung der Kulturdenkmäler sowie Sprachkurse für die Einzelhändler in der Innenstadt. All diese Maßnahmen lassen sich unter den Stichwort „Interkulturelle Kompetenz" zusammenfassen und sind in dieser Form in Deutschland einzigartig (vgl. FUSENIG 2006, S.8 in „Blickpunkt Wirtschaft – Nachrichten der IHK Trier). Die stark wachsenden Übernachtungszahlen chinesischer Gäste geben den Initiatoren der Marketing Aktionen Recht und es ist seitens der City Initiative, aber auch der Stadt Trier mit weiteren Aktionen zu rechnen.

In Kooperation mit der Stadt Trier betreibt die City Initiative ein professionelles Marketing für Events wie den „Trierer Frühling", „Trier Spielt", das Altstadtfest und die ADAC Deutschland Rallye. Neben diesen ausgedehnten Stadtmarketing Aktionen zählen auch das Leerstandsmanagement, eine bessere Baustellenkoordination auf den Zufahrtsstrassen, sowie eine angemessene Möblierung der Einkaufszonen zu den Aufgaben. Besonders in der Weihnachtszeit wird versucht mit zuvorkommenden Service und einem Park & Ride Service den Bürgern und Touristen die Einkaufszeit so angenehm wie möglich zu gestalten. Laut Aussage des stellvertretenden Vorsitzenden Albrecht Thul gilt das Motto: „Nur gemeinsam können wir stark sein. 100 Händler können etwas bewirken, einer allein nichts.". Gerade in Zeiten in denen „Geiz ist geil" allgegenwärtig zu sein scheint, ist es notwendig, die Qualität des Angebots der Geschäfte ständig zu überprüfen um auch in der Zukunft einen hohen Qualitätsstandard für die Kunden zu garantieren.

Festzuhalten bleibt, dass die City Initiative Trier einen wichtigen Beitrag zum Stadtmarketing der Stadt Trier leistet. Mit ihren Marketing und Service Aktionen ergänzt sie das Leitbild „Zukunft Trier 2020" auf ihre Weise, macht aus Konkurrenten Partner und bringt durch die Vielfalt ihrer Mitglieder viele neue Impulse für die positive zukünftige Entwicklung der Stadt mit sich. **„Trier als Marke herauszustellen"**, das ist es was Albrecht Thul und seine Partner in der City Initiative in Zukunft vorhaben.

4. Fazit

Vor dem Hintergrund des demographischen Wandels, des zunehmenden Konkurrenzdrucks der Städte und Kommunen untereinander, sowie nicht zuletzt der Globalisierung, ist die Maßnahme des Stadtmarketings unverzichtbar geworden. Durch die zunehmende Mobilität der Menschen, findet eine Agglomeration von Einwohnern ausschließlich in Gunsträumen mit wirtschaftlichen und sozialen Pull Faktoren statt. Jede Stadt muss sich Gedanken um harte und weiche Standortfaktoren machen. Diese langfristig auszubauen und zu fördern ist die wichtigste Aufgabe von Stadtmarketing. Die Leistungen die eine Stadt für ihre Bürger erbringt sind in Zukunft entscheidend für Zuzug oder Abwanderung, für Wachstum oder Stagnation bzw. Schrumpfung. Die Formulierung von nachhaltigen Leitbildern, wie es sie in Köln und Trier gibt, ist der erste Schritt der Städte zu einer klugen, engagierten und wohl durchdachten Stadtentwicklung. Jede Stadt muss sich über ihre Stärken und Schwächen im Klaren sein, nur so sind künftige Investitionen in die nötigen Bereiche sinnvoll zu verwenden. Die lokalen Potentiale effektiver zu nutzen und so gegenüber gleichgroßen Konkurrenten einen Wettbewerbsvorteil zu erringen machen Stadtmarketing so wichtig und lassen ihm eine besondere Bedeutung zukommen. Betrachten wir diese Inhalte unter dem Blickpunkt der Tourismus Wirtschaft, so werden weitere Erkenntnisse offensichtlich. Gerade für Städte in denen der Tourismus ein besonders großer Wirtschaftsfaktor ist, sind Stadt- und Citymarketing wichtige Instrumente um die Attraktivität der Stadt zu unterstreichen und neue Besucher anzuziehen. Hier gilt es die historisch-kulturelle Substanz zu wahren und mit aktuellen Bedürfnissen der Menschen zu verbinden. Am Beispiel Trier kann man sehen das sich „Konsum und Kultur" nicht ausschließen sondern ergänzen. Diese Kombination stellt eine Alternative zu komplett künstlichen Konsumcentern auf der grünen Wiese da und ist ein großer Standortvorteil der beim Stadtmarketing deutlich werden muss. Insbesondere peripher gelegene Regionen sowie klassische Ferienregionen an Nord- und Ostsee bedienen sich des Stadt- und Citymarketings um Ihren Gästen zu zeigen warum es sich gerade hier lohnt seinen Urlaub zu verbringen.

Die Einrichtung von Business Improvement Districts ist nach Meinung der Autoren eine sinnvolle und effektive Alternative zur klassischen Stadtplanung da sie die Bedürfnisse der betroffen Anwohner und Bürger stärker berücksichtigt und so dem Wille des Bürgers Rechnung trägt.

Der Bürger steht im Mittelpunkt des städtischen Interesses. Er wird zukünftig noch mehr an Bedeutung gewinnen. „Der Bürger als Kunde", darauf liegt zukünftig das Augenmerk der Städte. Hier muss jedoch insgesamt noch mehr Servicequalität in Ämtern und Verwaltungen Einzug halten. Öffnungszeiten und Serviceumfang sind in den meisten Städten noch nicht auf privatwirtschaftlichem Niveau. Es bleibt abzuwarten in welchem Maße sich hier Änderungen zum Vorteil des Bürgers durchsetzen werden.

Festzuhalten bleibt, dass sich hinter dem „Modewort" Stadtmarketing eindeutig mehr Versteckt als nur Werbung. Die komplexe Struktur einer ganzheitlichen Stadtmarketing Strategie will wohl durchdacht und individuell angepasst sein. Es gibt kein Einheitsmodell, jede Stadt muss ihre Stärken und Schwächen analysieren um gemeinsam mit Bürgern und Experten ein zukunftsweisendes Leitbild zu entwickeln. Im „Kampf" um Arbeitsplätze und Einwohner müssen die Städte und Gemeinden sich von traditionellen Konzepten verabschieden und stattdessen privatwirtschaftliche Serviceelemente erbringen. In Zeiten einer globalisierten und mobilen Welt, entscheiden **Unternehmen** und **Einwohner** nach der Anzahl der vorhanden Angebote und Leistungen wo sie sich ansiedeln.

Die zukünftige Entwicklung in Städten und Gemeinden wird maßgeblich vom Stadtmarketing geprägt und beeinflusst, es ist also interessant zu beobachten mit welchen neuen Leitbildern und Maßnahmen die Städte versuchen um Unternehmen und Bürger zu werben und mit welcher Strategie sie ihre Entwicklung vorantreiben.

Literaturverzeichnis

- HELBRECHT, I. (1994): „Stadtmarketing", Konturen einer kommunikativen Stadtentwicklungspolitik, Basel, S.1ff

- KONKEN, M. (1996): Stadtmarketing, Wilhelmshaven, S.9

- MAIER, J./WEBER, A.: Vom Stadtmarketing zur City-Werbegemeinschaft oder zum „neuen" Stadtentwicklungskonzept? – In: BIRK, F. (2002): Stadtmarketing, Aachen, S.10ff

- TÖPFER, A. (1993): Erfolgsfaktoren des Stadtmarketing. – In: Stadtmarketing – Herausforderung und Chance für Kommunen, Kassel, S.45ff

- WEINAND, J. (1995): Stadtmarketingkonzept Trier 2020, Trier, S.8ff

- Leitbild 2020 der Stadt Köln, S.6-43

- FUSENIG, I. (2006): Die Marke Trier an den Mann bringen – In: Nachrichten der Industrie- und Handelskammer Trier, H.1/12, S.6-8

Internetquellen

- www.difu.de/extranet/publikationen/ai/816.pdf (18.01.2006)

- www.dihk.de/inhalt/download/bid_positionspapier.doc (18.01.2006)

- www.bid-1.de/ (18.01.2006)

- www.wupperinst.org/publikationen/WP/WP154.pdf (10.01.2006)

- www.demographiekonkret.aktion2050.de/Demographie_konkret.96.0.html (10.01.2006)

- www.stadt-koeln.de (04.01.2006)

- www.city-initiative-trier.de (04.01.2006)

- www.trier.de/stadtentwicklung/stm2020/stm01.htm (04.01.2006)

- www.demographiekonkret.aktion2050.de/Trier.60.0.html (04.01.2006)

- www.city-marketing-koeln.de/cmk/index.php (04.01.2006)

- www.imk-anton.de/beratung/Stadtmarketing (02.01.2006)

- www.difu.de/index/publikationen/difu-berichte/1_98/artikel (02.01.2006)

- www.wikipedia.org/wiki/stadtmarketing.de (15.12.2005)

- www.wikipedia.org/wiki/ppp.de